FORSCHUNGSBERICHTE DES LANDES NORDRHEIN-WESTFALEN

Nr. 1178

Herausgegeben
im Auftrage des Ministerpräsidenten Dr. Franz Meyers
von Staatssekretär Professor Dr. h. c. Dr. E. h. Leo Brandt

DK 612.16
612.015.3
612.014.47

Dr. med. Jürgen Stegemann

Max-Planck-Institut für Arbeitsphysiologie Dortmund
Direktor: Prof. Dr. med. Gunther Lehmann

Energieumsatz, Wirkungsgrad und Pulsfrequenzverhalten des Hundes beim Laufen auf der Tretbahn im Vergleich zu den entsprechenden Daten des Menschen

WESTDEUTSCHER VERLAG · KÖLN UND OPLADEN 1963

ISBN 978-3-663-06281-3 ISBN 978-3-663-07194-5 (eBook)
DOI 10.1007/978-3-663-07194-5

Verlags-Nr. 011178

Gesamtherstellung: Westdeutscher Verlag

Inhalt

Einleitung

Die Beziehungen zwischen definierter körperlicher Leistung eines Menschen auf der einen Seite und Sauerstoffverbrauch, Wirkungsgrad und Pulsfrequenzverhalten auf der anderen Seite sind Gegenstand zahlloser Untersuchungen gewesen. Dabei wurde in erster Linie der korrelative Zusammenhang der Größen untereinander erforscht.

In der Praxis hat sich die Korrelation zwischen Pulsfrequenzanstieg und körperlicher Leistung als Test für die Leistungsfähigkeit bewährt (E. A. MÜLLER [1961]). In der Theorie dieser Leistungsfähigkeitsmessungen sind jedoch noch viele Fragen offen: Wie wird die Information über die Stoffwechselgröße dem Kreislaufzentrum, das die Pulsfrequenz einstellt, zugeleitet, und wie sind Pulsfrequenzanstieg und Leistungsfähigkeit kausal miteinander verknüpft. STEGEMANN (1961) hat kürzlich in einer ausführlichen Arbeit einige dieser Zusammenhänge auseinandergesetzt und aus indirekt experimentell ermittelten Daten geschlossen, daß die Pulsfrequenz bei körperlicher Arbeit in erster Linie vom örtlichen Integral über das Muskel-pH bzw. die CO_2-Spannung im Muskel eingestellt werden könnte. pH-empfindliche Muskelrezeptoren sollen nach seiner Theorie das pH im Muskel messen und dem Kreislaufzentrum eine örtliche integrierte Information übermitteln. Aus dort abgeleiteten Gründen, auf die hier nicht näher eingegangen werden soll, gehört, zumindestens unter der Dauerleistungsgrenze, zu jeder Arbeitsstoffwechselgröße des Muskels ein fester pH-Wert, der um so niedriger ist, je weiter der Stoffwechsel ansteigt. Über der Dauerleistungsgrenze bildet der Muskel zusätzlich fixe Säuren (Milchsäure etc.), was dazu führt, daß im Muskel der pH-Wert noch weiter sinkt.

Wenn aber die Pulsfrequenz durch den pH-Wert im Muskel verändert wird, so könnte nach den Vorstellungen der Membrantheorie durch die pH-Verschiebung der Erregungsmechanismus der Muskelfaser erheblich gestört werden, da ja bei der Erregung eine Ionenverschiebung eintritt, die von der H-Ionenkonzentration abhängig sein dürfte. Dadurch würde durch das pH die Arbeitsfähigkeit des Muskels in gleicher Weise wie die Pulsfrequenz beeinflußt werden.

Solche Hypothesen, die aus indirekten Schlüssen ableitbar sind, müssen so gut als irgend möglich auch direkt bewiesen werden. Hier sind wir aber erfahrungsgemäß auf das Tierexperiment angewiesen. Die Übertragung von Versuchsergebnissen am Tier auf den Menschen scheitert allerdings häufig daran, daß die biologischen Grunddaten nicht vergleichbar sind. So ist z. B. bekannt, daß der Hund als typisches Lauftier ein in Beziehung zum Körpergewicht viel größer dimensioniertes Herz als der Mensch hat. Man muß also, um sinnvoll arbeiten zu können, zunächst vergleichende physiologische Untersuchungen über die Wirkung physikalischer Leistung auf Pulsfrequenz und den Energieumsatz beim

Versuchstier durchführen, um für die genannte Fragestellung vergleichbares Material zu sammeln. Für unseren Problemkreis wurden als Versuchstiere Hunde gewählt, weil der Hund eines der wenigen gebräuchlichen Versuchstiere ist, das auf Kommando eine definierte körperliche Leistung durchführen kann.

Die Aufgabe, die wir uns in dieser Arbeit gestellt haben, ist also folgende: an Hunden Daten über den korrelativen Zusammenhang zwischen Leistung und Stoffwechsel und Pulsfrequenzverhalten zu sammeln und sie mit entsprechenden Daten des Menschen zu vergleichen.

Als Daten für den Menschen bezüglich Stoffwechsel und Leistung stehen die ausführlichen und vollständigen Ergebnisse von MARGARIA (1938) zur Verfügung, dessen Ergebnisse sich vollständig mit denen von BOBBERT (1960) decken. Auch für den Hund liegen schon einige Meßwerte bei Tretbahnarbeit vor, und zwar von CAMPOS, CANNON, LUNDIN und WALKER (1928) sowie DILL, EDWARDS und TALBOTT (1932) sowie BARGER, RICHARDS, METCALFE und GÜNTHER (1956) sowie von YOUNG, MOSHER, ERVE und SPECTOR (1959). Allein die Ergebnisse sind teilweise widersprechend und auch für unseren geplanten Vergleich mit dem Menschen unvollständig, da sie nicht berücksichtigen, daß beim Menschen gleiche physikalische Leistungen durchaus nicht gleiche physiologische Reaktionen hervorrufen. Bei Arbeit auf dem Fahrradergometer z. B., bei dem ja die Leistung durch das Produkt aus Bremskraft und Pedalumdrehungszahl in der Zeiteinheit gegeben ist, ist sowohl der O_2-Verbrauch als auch die Kreislaufreaktion bei gleicher Leistung unterschiedlich, je nach dem, wie man die Relation zwischen Bremskraft und Tretumdrehungszahl einstellt (E. A. MÜLLER [1930]). Hier ist also das Verhältnis zwischen Kontraktionsgeschwindigkeit und Kontraktionskraft des Muskels maßgebend. Das gleiche gilt für den Menschen bei Tretbahnarbeit, für den MARGARIA in einer ausführlichen Studie das Verhalten des Energieumsatzes bei unterschiedlicher Tretbahnneigung und Tretbahngeschwindigkeit untersucht hat. Diese Tatsachen müssen aber auch bei Versuchen an Hunden berücksichtigt werden.

Die Werte für den O_2-Verbrauch und die CO_2-Abgabe erlauben es, den Energieumsatz sowie den Wirkungsgrad bei unterschiedlicher Geschwindigkeit und Neigung der Tretbahn zu berechnen und mit denen von MARGARIA am Menschen gewonnenen zu vergleichen.

Für den Vergleich der Kreislaufreaktionen des Hundes und des Menschen stehen in der Literatur zahlreiche Werte für den Menschen zur Verfügung. Wir können an den Hunden nach E. A. MÜLLER (1961) die Umsatz-Pulsfrequenz-Korrelation berechnen, wir können nach Ermüdungsanstieg und Erholungspulssumme fahnden und einen Vergleich mit den menschlichen Werten anstreben.

I. Versuche über den Zusammenhang zwischen Stoffwechsel und Leistung

1. Methodik

Die Untersuchungen wurden an drei Hunden durchgeführt: Vt. Bello, 28,5 kg; Vt. Laika, 29 kg; Vt. Lassy, 25 kg. Die Hunde liefen auf einer Tretbahn (Abb. 1), bei der eine endlose Gummilauffläche über zwei Umlenkrollen lief. Die Drehzahl einer Umlenkwelle, die gleichzeitig den Antrieb darstellte, ließ sich über ein

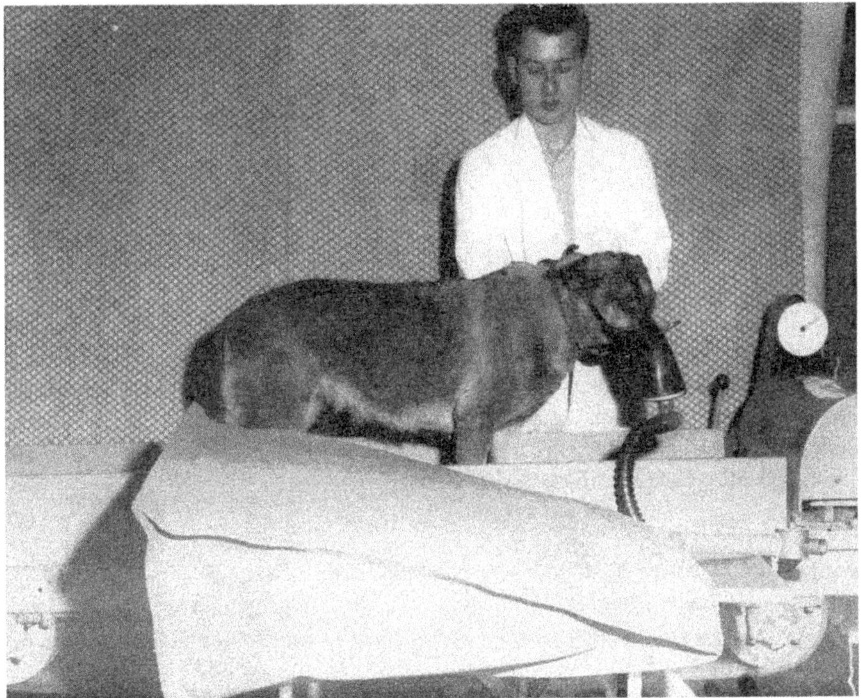

Abb. 1 Versuchshund beim Laufen auf der Tretbahn
Der Hund trägt eine Gummimaske, die über ein Atemventil mit einem Douglassack verbunden ist

Getriebe einstellen, das stufenlos verstellbar war. Ein kräftiger Elektromotor trieb die Tretbahn so an, daß bei starken Neigungen oder Steigungen die Tourenzahl, unabhängig vom Gewicht des Hundes, nahezu konstant blieb. Die Bahn konnte über einen bestimmten Bereich auf einen beliebigen Steigungswinkel ver-

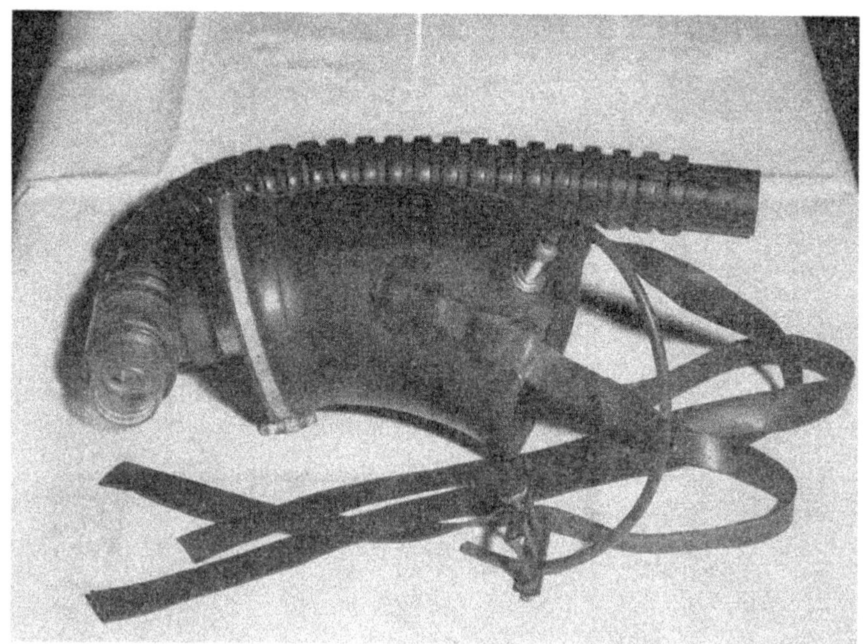

Abb. 2 Gummimaske
Am distalen Teil der Gummimaske ist das Atemventil angebracht, am proximalen Teil läßt sich die Gummimaske durch einen aufblasbaren Zirkulärschlauch abdichten

stellt werden, der vor jedem Versuch mit einer Winkelwasserwaage festgelegt wurde. Die Geschwindigkeit der Lauffläche wurde aus der bekannten Bandlänge und der mit der Stoppuhr gemessenen Umlaufzeit ermittelt. Aus diesen Daten kann man die abgegebene physikalische Leistung des Hundes nach folgender Beziehung berechnen:

$$L = K \cdot v \cdot \sin \alpha$$

wobei L die Leistung des Hundes in mkg/min, K das Körpergewicht des Hundes in kg, v die Geschwindigkeit in m/min und α der Steigungswinkel der Tretbahn ist. Der Energieumsatz der Hunde wurde nach dem Verfahren von DOUGLAS-HALDANE gemessen.

Wir entwickelten eine dichtaufsitzende Gummimaske (Abb. 2), die die Hunde trugen. An der proximalen Seite um die Schnauze herum konnte diese Gummimaske noch mit einer aufblasbaren Manschette gedichtet werden. An der distalen Seite der Maske befand sich ein Atemventil, dessen Ausatemseite über einen Faltenschlauch mit einem Douglassack verbunden war. Den Energieumsatz bestimmten wir bei kleinen Leistungen im sogenannten steady-state-Verfahren, während wir bei großen Leistungen das Integralverfahren benutzten. Welche Methode in welchem Fall anzuwenden war, wurde in einem Vorversuch getestet. In der Regel wurde bei den Messungen des Energieumsatzes so vorgegangen, daß wir zunächst 10 min lang den Ruhewert bestimmten, danach 10 min die Testarbeit ausführen ließen und dann erneut den Ruhewert kontrollierten. Wir führten zwischendurch des öfteren Grundumsatzmessungen durch, teilweise narkotisierten wir die Hunde zu diesem Zweck leicht.

2. Versuchsergebnisse

Die Abb. 3, 4 und 5 zeigen die Originalwerte, die wir für die Hunde Bello, Laika und Lassy bei den Neigungswinkeln 0°, + 5°, + 10°, + 15° gemessen haben.

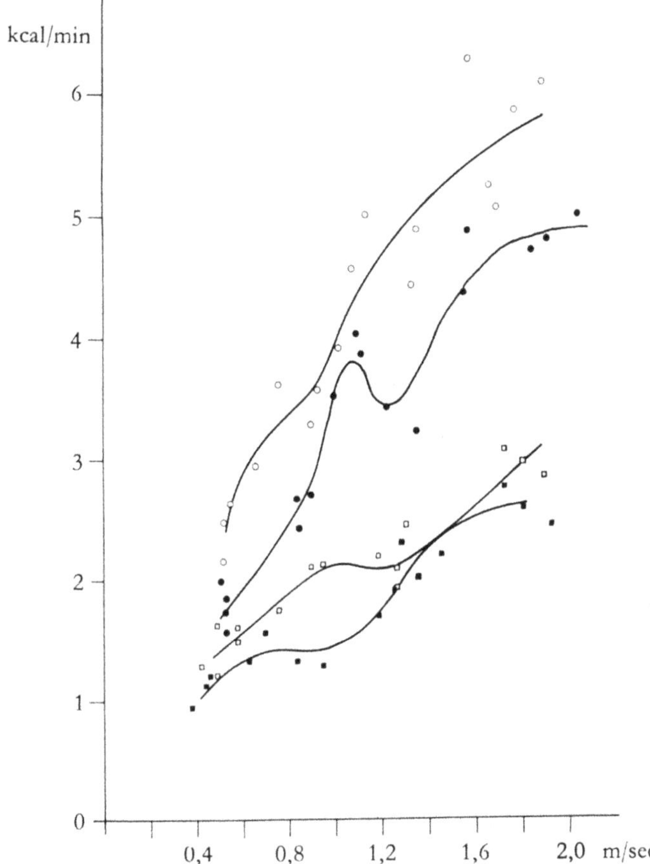

Abb. 3 Versuchshund Bello
Nettoenergieumsatz in Abhängigkeit von der Tretbahngeschwindigkeit
Parameter ist der Steigungswinkel der Tretbahn

- ■ 0° Steigungswinkel
- □ 5° Steigungswinkel
- ● 10° Steigungswinkel
- ○ 15° Steigungswinkel

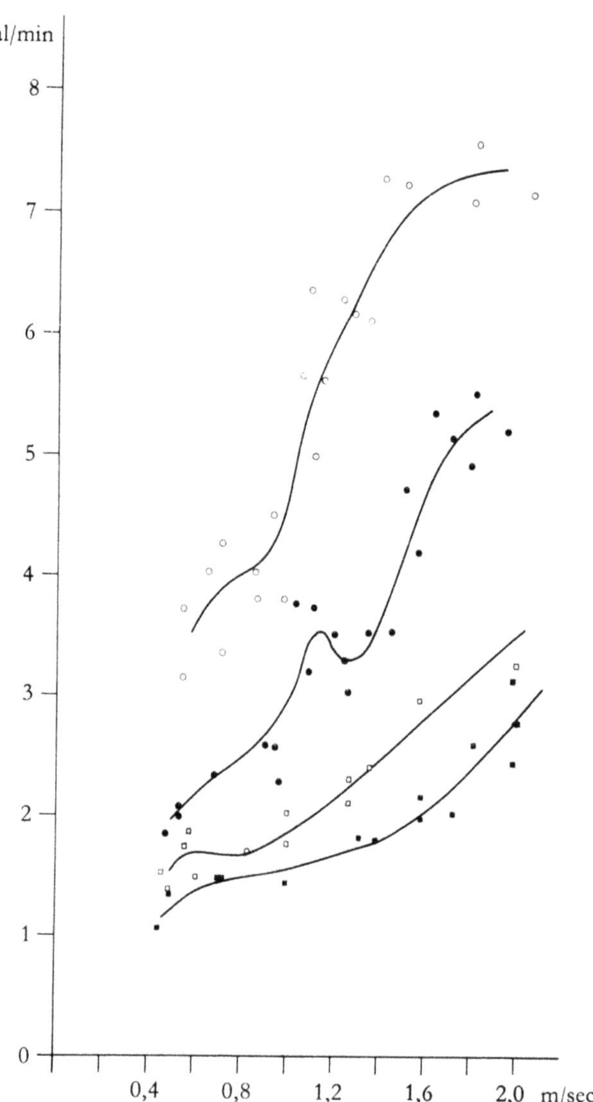

Abb. 4 Versuchshund Laika
Nettoenergieumsatz in Abhängigkeit von der Tretbahngeschwindigkeit
Parameter ist der Steigungswinkel der Tretbahn
■ 0° Steigungswinkel
□ 5° Steigungswinkel
● 10° Steigungswinkel
○ 15° Steigungswinkel

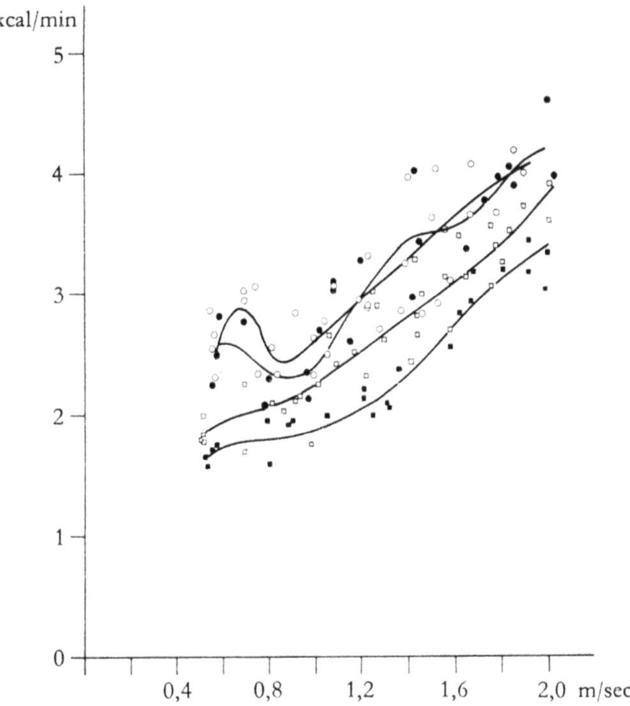

Abb. 5 Versuchshund Lassy
Nettoenergieumsatz in Abhängigkeit von der Tretbahngeschwindigkeit
Parameter ist der Steigungswinkel der Tretbahn

■ 0° Steigungswinkel
□ 5° Steigungswinkel
● 10° Steigungswinkel
○ 15° Steigungswinkel

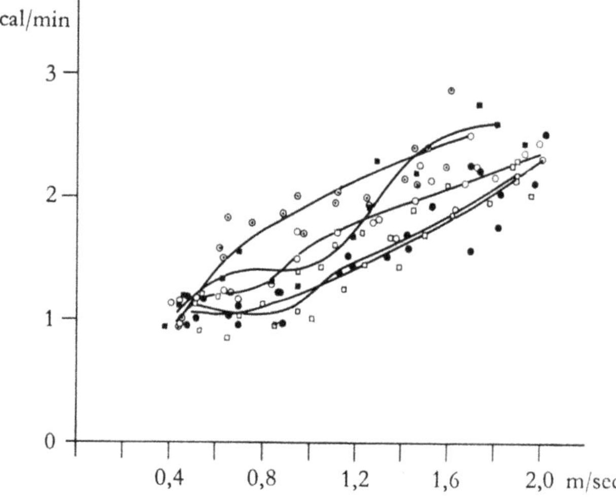

Abb. 6 Versuchshund Bello
Nettoenergieumsatz in Abhängigkeit von der Tretbahngeschwindigkeit
Parameter ist der Steigungswinkel der Tretbahn
■ 0° Steigungswinkel
□ — 5° Steigungswinkel
● — 10° Steigungswinkel
○ — 15° Steigungswinkel
⊙ — 20° Steigungswinkel

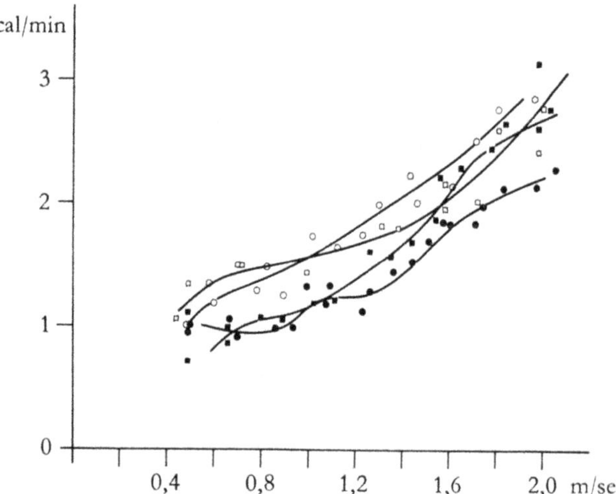

Abb. 7 Versuchshund Laika
Nettoenergieumsatz in Abhängigkeit von der Tretbahngeschwindigkeit
Parameter ist der Steigungswinkel der Tretbahn
■ 0° Steigungswinkel
□ — 5° Steigungswinkel
● — 10° Steigungswinkel
○ — 15° Steigungswinkel

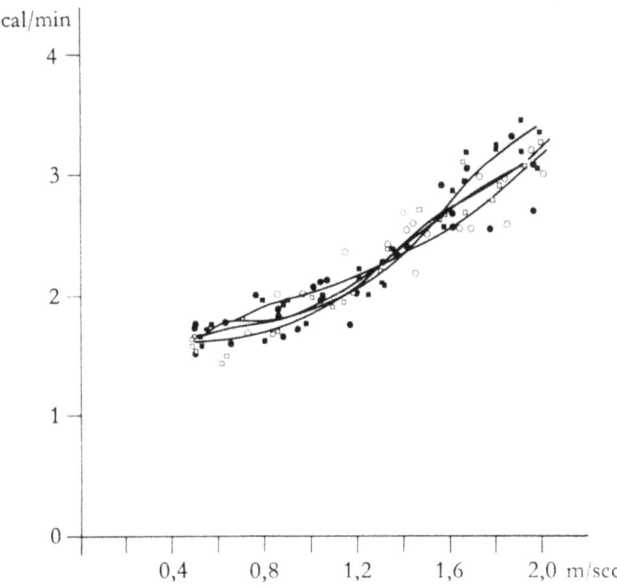

Abb. 8 Versuchshund Lassy
Nettoenergieumsatz in Abhängigkeit von der Tretbahngeschwindigkeit
Parameter ist der Steigungswinkel der Tretbahn
■ 0° Steigungswinkel
□ — 5° Steigungswinkel
● — 10° Steigungswinkel
○ — 15° Steigungswinkel

Auf der Abszisse ist die Laufgeschwindigkeit des Hundes, auf der Ordinate der Energieumsatz aufgetragen. Jeder Punkt im Diagramm stellt das Ergebnis eines 30-min-Versuches – wie oben beschrieben – dar. Die Kreise sind die Meßpunkte für + 15° Steigungswinkel, die runden Punkte für + 10° Steigungswinkel, die offenen Quadrate für + 5° Steigungswinkel und die geschlossenen Quadrate für 0° Steigungswinkel, also Laufen auf der Ebene. Die durchgezogenen Linien sind diejenigen, die sich am besten an die Meßpunkte anpassen. Die Abb. 6, 7 und 8 geben bei gleichen Koordinaten die Meßpunkte für negative Steigungswinkel, also bei Bergablaufen wieder. Auch die Meßpunkte für 0° Steigungswinkel sind, um den Anschluß an die Abb. 3, 4 und 5 herzustellen, nochmals eingetragen, und zwar wiederum als volle Quadrate. Es folgen — 5° (offene Quadrate), — 10° (runde Punkte), — 15° (offene Kreise), — 20° (Kreise mit Punkt).
Bei den positiven Steigungswinkeln steigt der Energieumsatz – wie zu vermuten – mit steigendem Winkel und steigender Geschwindigkeit an. Bei den negativen Steigungswinkeln ist ein Minimum des Energieumsatzes bei einer Neigung von 10° zu messen. Bei 15° Neigung ist die Bremsarbeit schon wieder so groß, daß die Stoffwechselabnahme durch das Gefälle mehr als kompensiert wird. Abb. 9 zeigt die Zahl der Schritte/min, die die Hunde als Funktion der Geschwindigkeit

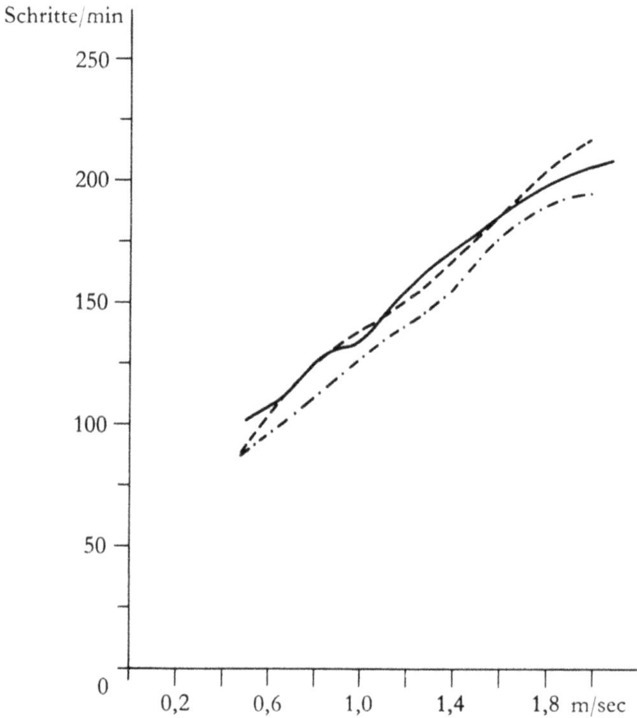

Abb. 9 Schritte/min in Abhängigkeit von der Tretbahngeschwindigkeit
- - - - Vt. Bello
-·-·-·- Vt. Laika
——— Vt. Lassy

ausführen. Die Schrittzahl/min erwies sich als unabhängig von Steigung und Neigung. Die Schrittzahl in Verbindung mit den gemessenen Energieumsatzwerten gibt uns die Möglichkeit, die Zahl der cal/Schritt in Abhängigkeit der Geschwindigkeit zu berechnen. Betrachtet man die Abb. 10, 11 und 12, in denen der Energieumsatz/Schritt in Kalorien/Schritt aufgetragen ist, so zeigt sich trotz der unterschiedlichen Gewichte der einzelnen Hunde meist ein Minimum bei einer Geschwindigkeit von 0,8 m/sec, entsprechend 2,9 km/h. Bei höherer Geschwindigkeit steigt der Energieumsatz/Schritt ziemlich steil an, um dann wieder relativ abzunehmen.

Es ergibt sich nun die Frage: Wie liegen diese Werte zu den entsprechenden Daten des Menschen?

Um die Werte mit denen von MARGARIA vergleichen zu können, haben wir unsere Messungen auf die Dimensionen, die MARGARIA verwendet, umgerechnet. Wir sind daher so vorgegangen, daß wir alle Werte für den Energieumsatz in kcal/kg · h umgerechnet haben, das hat den Vorteil, daß die Streuung zwischen den Meßwerten bei den einzelnen Hunden relativ gering wird. Wir sind uns darüber klar, daß wir damit einen gewissen Fehler in der Beurteilung der Meßergebnisse in

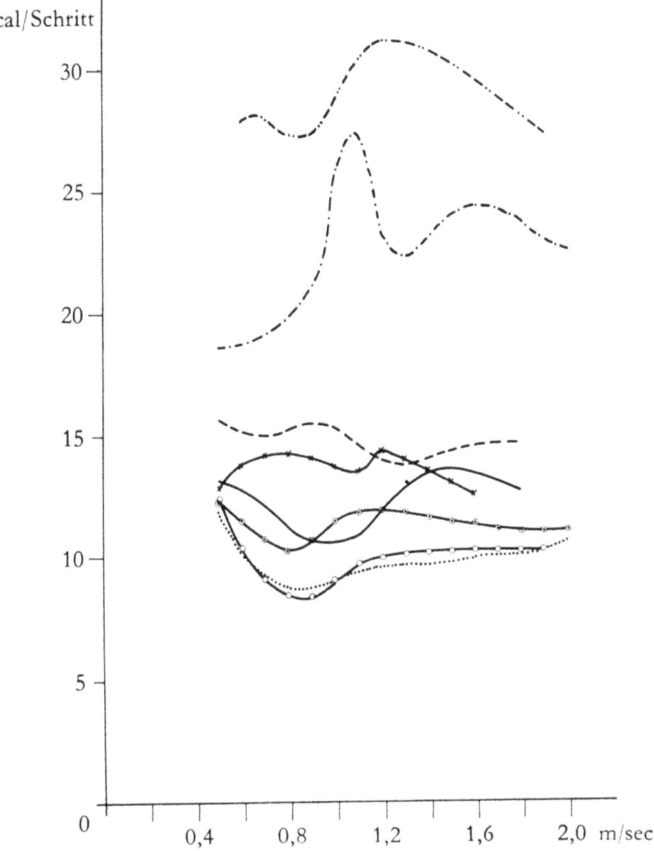

Abb. 10 Versuchshund Bello
Der Energieumsatz pro Schritt als Funktion der Tretbahngeschwindigkeit
Parameter ist der Steigungswinkel der Tretbahn

———— 0° Steigungswinkel
— — — 5° Steigungswinkel
–·–·–·– 10° Steigungswinkel
–··–··–·– 15° Steigungswinkel
–○–○–○– — 5° Steigungswinkel
.... — 10° Steigungswinkel
–⊙–⊙–⊙– — 15° Steigungswinkel

Kauf nehmen müssen, da der Grundumsatz bei den verschiedenen Tierspezies etwa einer Gleichung

$$U = K \cdot G^{0,75}$$

folgt. Der Grundumsatz nimmt nicht proportional zum Körpergewicht aber auch nicht streng proportional zur Körperoberfläche zu (Lang und Ranke [1950], Lehmann [1955]).

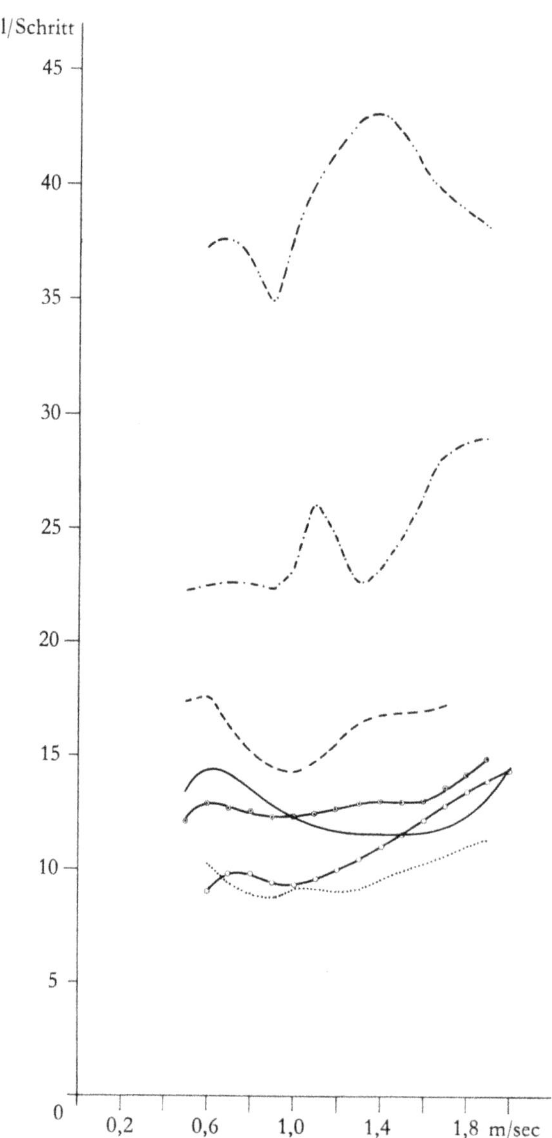

Abb. 11 Versuchshund Laika
Der Energieumsatz pro Schritt als Funktion der Tretbahngeschwindigkeit
Parameter ist der Steigungswinkel der Tretbahn

———— 0° Steigungswinkel
— — — 5° Steigungswinkel
–·–·–·– 10° Steigungswinkel
–··–··–·– 15° Steigungswinkel
–○–○–○– — 5° Steigungswinkel
.... — 10° Steigungswinkel
–⊙–⊙–⊙– — 15° Steigungswinkel

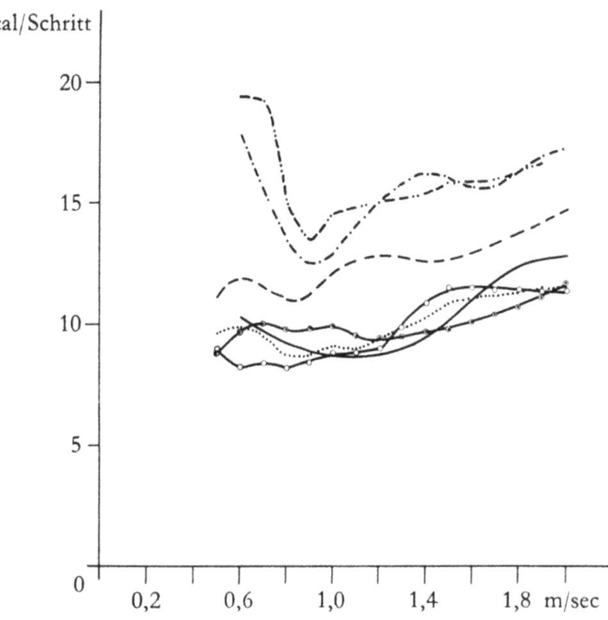

Abb. 12 Versuchshund Lassy
Der Energieumsatz pro Schritt als Funktion der Tretbahngeschwindigkeit
Parameter ist der Steigungswinkel der Tretbahn

———	0° Steigungswinkel
— — —	5° Steigungswinkel
—·—·—·—	10° Steigungswinkel
—··—··—··—	15° Steigungswinkel
-o-o-o- —	5° Steigungswinkel
.... —	10° Steigungswinkel
-⊙-⊙-⊙- —	15° Steigungswinkel

In den Abb. 13A–D ist für jeweils eine Gradzahl der Steigungswinkel bei 0°, 5°, 10°, 15°; auf der Ordinate der Energieumsatz in kcal dividiert durch kg und h in Abhängigkeit von der Tretbahngeschwindigkeit (Abszisse) graphisch aufgetragen. Die gestrichelte Kurve ist dabei die Kurve, die wir den Meßergebnissen von Margaria entnommen haben, die durchgezogene Kurve die Mittelwertskurve von drei Hunden. Betrachtet man die Kurven im einzelnen, so sieht man, daß bei 0° Steigungswinkel (Abb. 13A) von etwa 2 km/h aufwärts die beiden Kurven parallel laufen. Bei 5° (Abb. 13B) sieht man, daß bei den Hunden die Zunahme des Energieumsatzes bei steigender Geschwindigkeit oberhalb von 2 km/h relativ geringer ansteigt als die des Menschen, so daß sich beide Kurven bei 7,5 km/h treffen. Bei 10° (Abb. 13C) ist die Zunahme des menschlichen Energieumsatzes mit steigender Geschwindigkeit im Gegensatz zum Hund noch steiler, so daß der Schnittpunkt bei etwa 7 km/h liegt und bei 15° (Abb. 13D) sogar schon bei 6,5 km/h. Vergleichend-physiologisch ergibt sich hieraus eine interessante Feststellung: Bei niedrigen Laufgeschwindigkeiten ist offensichtlich

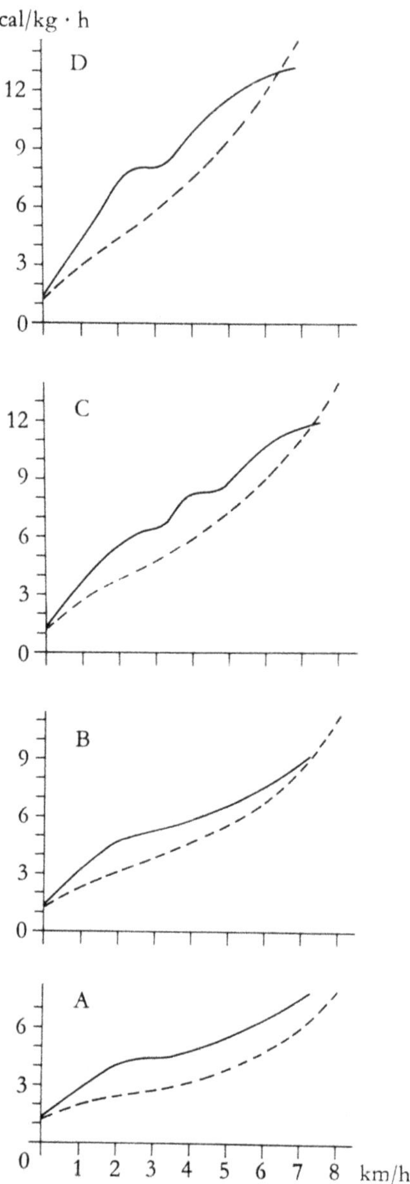

Abb. 13 Der Energieumsatz, reduziert auf 1 kg Lebewesen, als Funktion der Tretbahngeschwindigkeit bei einem Steigungswinkel von
A) 0°
B) 5° ——— Mittelwerte von drei Hunden
C) 10°
D) 15° - - - - nach Messungen von MARGARIA für den Menschen

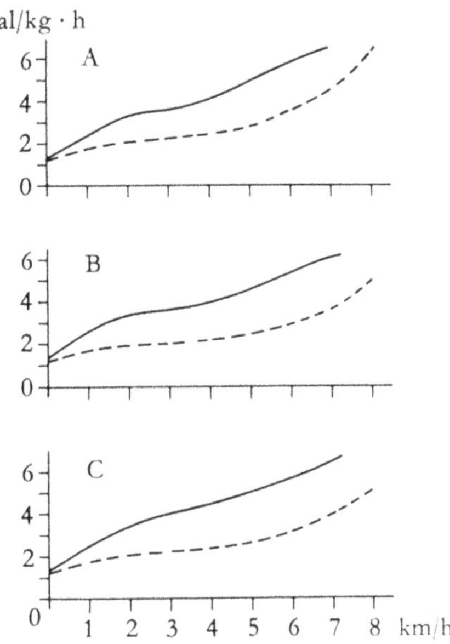

Abb. 14 Der Energieumsatz, reduziert auf 1 kg Lebewesen, als Funktion der Tretbahngeschwindigkeit bei einem Steigungswinkel von
A) — 5° ——— Mittelwerte von drei Hunden
B) — 10°
C) — 15° - - - - nach Messungen von MARGARIA für den Menschen

der Mensch durch seinen zweibeinigen Gang gegenüber dem Hund im Vorteil, weil er eine geringere Leerbewegung als der Vierbeiner macht. Bei größeren Laufgeschwindigkeiten, bei denen zusätzlich noch das Körpergewicht gehoben werden muß, ist die Verteilung der Arbeit auf vier gleichzeitig arbeitende Beine offensichtlich vom energetischen Standpunkt aus günstiger. Wie sieht das Phänomen nun beim Bergabgehen aus? Bei — 5° Steigung (Abb. 14A) und — 10° Steigung (Abb. 14B) sowie bei — 15° Steigung (Abb. 14C) laufen beide Kurven wieder wie bei dem Gehen auf der Ebene parallel, so daß im ganzen Bereich der Energieumsatz des Hundes, bezogen auf 1 kg Lebewesen, höher ist. Hier ist ja auch keine besondere Arbeit zu leisten. Die Leerbewegung überwiegt.

Gleiche Ergebnisse lassen sich auch zeigen, wenn man den Energieumsatz nicht auf eine Stunde, sondern auf 1 km zurückgelegten Weg umrechnet, das in Abb. 15A–D dargestellt ist. Bei 0° Steigungswinkel (Abb. 15A) liegt das Minimum des Energieumsatzes pro kg und km beim Menschen zwischen 3 und 4 km/h, beim Hund etwa zwischen 4 und 6 km/h. Bei 5° Steigungswinkel (Abb. 15B) besitzt der Mensch wiederum ein Minimum des Energieumsatzes bei 3–4 km/h. Beim Hund liegt das Minimum jetzt bei 5–6 km/h. Bei 7 km/h sind auch hier wieder menschlicher und tierischer Energieumsatz, bezogen auf 1 kg und 1 km, gleich groß. Bei 10° Steigungswinkel (Abb. 15C) ist das Minimum für den Menschen nicht verschoben, beim Hund können wir im untersuchten

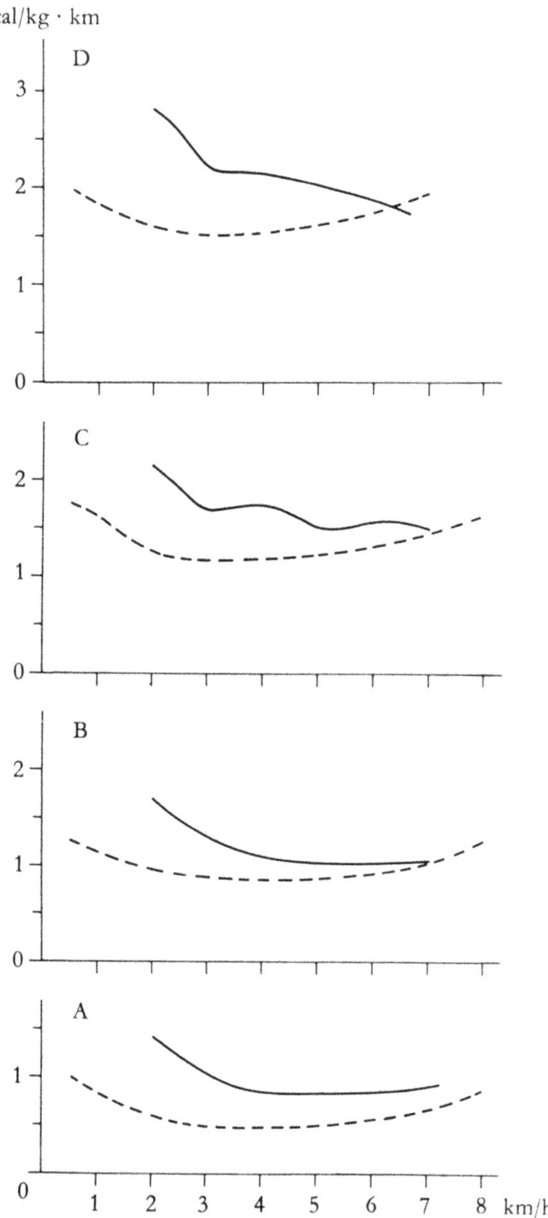

Abb. 15 Abhängigkeit des Nettoenergieumsatzes, berechnet für 1 kg Lebewesen und 1 km Marschleistung, in Abhängigkeit von der Tretbahngeschwindigkeit bei einem Steigungswinkel von

A) 0° ——— Mittelwerte von drei Hunden
B) 5°
C) 10°
D) 15° - - - - nach Messungen von MARGARIA für den Menschen

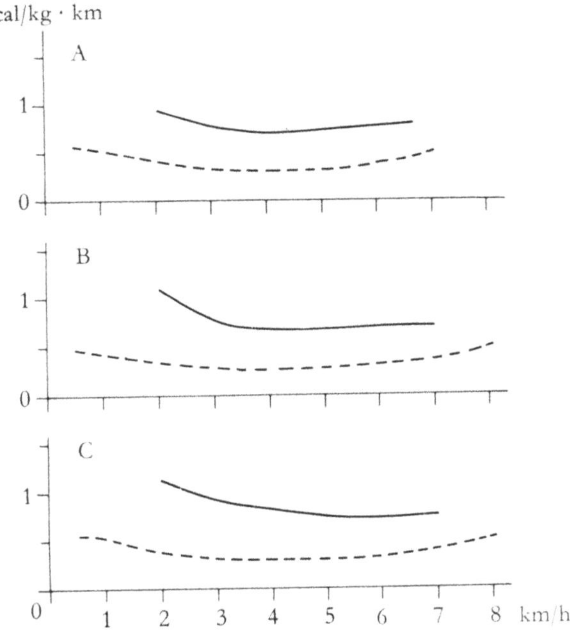

Abb. 16 Abhängigkeit des Nettoenergieumsatzes, berechnet für 1 kg Lebewesen und 1 km Marschleistung, in Abhängigkeit von der Tretbahngeschwindigkeit bei einem Steigungswinkel von
A) — 5° ——— Mittelwerte von drei Hunden
B) — 10° - - - - nach Messungen von MARGARIA für den Menschen
C) — 15°

Bereich kein Minimum mehr feststellen. Es sieht so aus, als ob das Minimum oberhalb von 7 km/h liegt. Bei 15° Steigungswinkel (Abb. 15D) ist die Verschiebung des Minimums nicht deutlicher.

Wir können also feststellen, beim Menschen ist ein Energieumsatzminimum unabhängig vom Steigungswinkel bei etwa 3–4 km/h Marschgeschwindigkeit festzustellen. Beim Hund verschiebt sich das Minimum als Funktion des Steigungswinkels. Bei den negativen Werten für den Steigungswinkel (Abb. 16A–C) laufen die Kurven weitgehend parallel. Beim Hund liegt der Energieumsatz bei gleicher relativer Leistung regelmäßig über dem Wert des Menschen.

Unsere Ergebnisse geben uns ferner die Möglichkeit, den Wirkungsgrad für die von den Hunden geleistete Arbeit im Vergleich zum Wirkungsgrad des Menschen bei Tretbahnarbeit zu setzen. Als Grundlage für die Berechnung dienen die Kurven der Abb. 13A–D und Abb. 14A–C, bei denen man ja für jeden Abszissenwert (km/h) den Umsatz auf der Ordinate (kcal/kg · h) ablesen kann. Die Leistung des Hundes ergibt sich aus der oben genannten Formel, so daß der Wirkungsgrad in Prozent des mechanischen Wärmeäquivalents leicht berechnet werden kann. Die Abb. 17 zeigt die Ergebnisse für Mensch und Tier. Bei der mechanischen Leistung 0 ist auch der Wirkungsgrad selbstverständlich 0. Von 0 ausgehend,

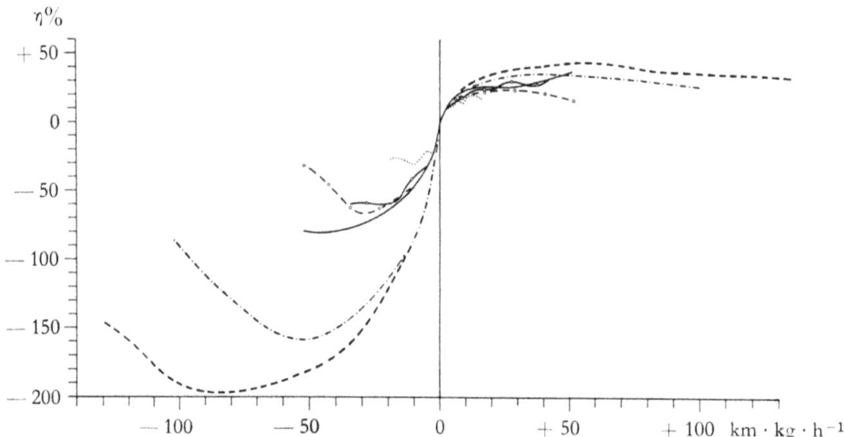

Abb. 17 Mechanischer Wirkungsgrad als Funktion der Tretbahngeschwindigkeit
Parameter ist der Steigungswinkel der Tretbahn

Versuchstier: — 5° .... 5°
— 10° -o-o-o-o- 10°
— 15° o--o--o 15°

Mensch: — 5° ——— 5°
— 10° –·–·–·– 10°
— 15° — — — 15°

sind auf der Abszisse nach rechts die positiven Leistungen, bei denen sich ein positiver Wirkungsgrad ergibt, aufgetragen, links von 0 stehen die Bremsleistungen, aufgetragen als negative Leistung. Der Wirkungsgrad ist in diesem Bereich negativ. Die einzelnen Parameter geben den unterschiedlichen Steigungswinkel an. In positiven Bereichen steigt der Wirkungsgrad mit der Leistung auf ein konstantes Maximum von etwa 30–35% an, ein Wert, der unabhängig von Leistung und Steigung im Bereich der Fehlergrenzen für Mensch und Tier gleichgroß sein dürfte. Der negative Wirkungsgrad liegt für den Menschen erheblich niedriger als beim Tier, was wohl darauf zurückzuführen ist, daß der Mensch durch seinen zweibeinigen Gang relativ viel mehr Bremsenergie umsetzt als der Hund.

II. Versuche über den Zusammenhang zwischen Stoffwechsel und Pulsfrequenz

1. Methodik

Die Versuche wurden wiederum an den Hunden Bello, Laika und Lassy durchgeführt, an denen wir schon im letzten Abschnitt den Energieumsatz als Funktion der Leistung gewonnen hatten. Physikalisch gehen zwei variable Größen in die Berechnung der Leistung ein: der Steigungswinkel und die Bandgeschwindigkeit. Beide Größen unabhängig zu variieren, war bei der Messung des Energieumsatzes deshalb nötig, weil der Wirkungsgrad von der Kontraktionsgeschwindigkeit der Muskulatur abhängig ist.

Für die Einstellung der Pulsfrequenz hat E. A. Müller (1953) zeigen können, daß sie immer in Korrelation zum Stoffwechselgeschehen steht, aber niemals direkt die physikalische Leistung dafür maßgebend ist. Bei negativer Muskelarbeit, bei der die physikalische Leistung gleich der positiven Arbeit war, der Wirkungsgrad aber unterschiedlich, richtete sich die eingestellte Pulsfrequenz nur nach dem Umsatz. Auch Stegemann (1963) konnte in seinen Versuchen zeigen, daß die physikalische Leistung die Pulsfrequenz nur indirekt über die Umsatzgröße beeinflussen kann. Wir machen deshalb keinen Fehler, wenn wir bei den folgenden

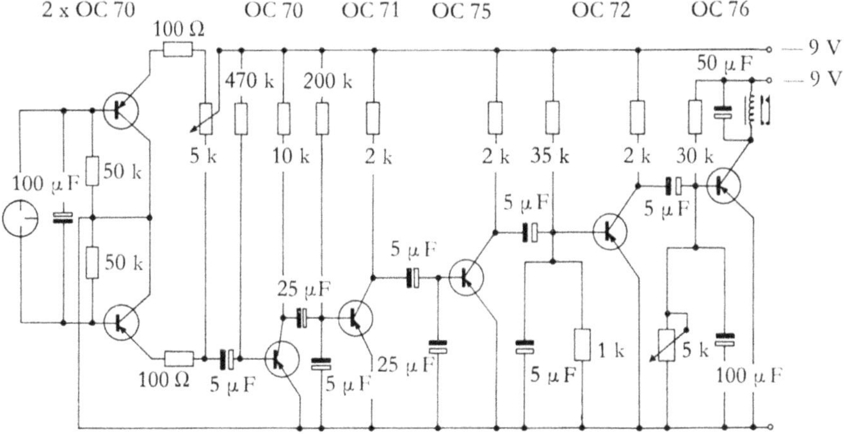

Abb. 18 Schaltbild des Pulszählers. Der Eingang ist symmetrisch, dabei gehen die Eingangsimpulse auf zwei Transistoren, die wie npn-Transistoren geschaltet sind, um einen möglichst hohen Eingangswiderstand zu erreichen. Die weitere Verstärkung erfolgt über vier R. C.-gekoppelte Verstärkerstufen in Emitterschaltung. Der verstärkte Impuls schaltet einen Schalttransistor, in dessen Collectorleitung ein Kleinrelais liegt.

Versuchen über die Einstellung der Pulsfrequenz durch die Stoffwechselgröße nur die Tretbahnneigung ändern, die Tretbahngeschwindigkeit dagegen auf einen festen Wert von 1 m/sec einstellen.

Die Pulsfrequenz der Hunde wurde durch einen selbstgebauten Pulszähler registriert, dessen Schaltbild in der Abb. 18 dargestellt ist. Der Eingang ist symmetrisch. Dabei gehen die Eingangsimpulse auf zwei Transistoren, die wie npn-Transistoren geschaltet sind, um einen möglichst hohen Eingangswiderstand zu erreichen. Die weitere Verstärkung erfolgt über vier R. C.-gekoppelte Verstärkerstufen in Emitterschaltung. Der verstärkte Impuls schaltet einen Schalttransistor, in dessen Collectorleitung ein Kleinrelais liegt. Das Kleinrelais wiederum schaltete ein Druckzählwerk, das minutenweise die Pulsfrequenz druckte. Die Hunde trugen kleine Silberbleche an der Brustwand auf der Haut, an denen das EKG abgenommen wurde (Abb. 19). Die leitende Verbindung wurde durch ein Kontaktgelee hergestellt.

Die Versuche wurden in der Regel so durchgeführt, daß der Hund zunächst mit angeschnallten Elektroden eine Stunde auf der Tretbahn liegend ruhte. In den letzten 10 min dieser Zeit wurde die Pulsfrequenz der Vorruhe ermittelt, dann begann auf Kommando die Testarbeit, die unterschiedlich schwer und unterschiedlich lang war. Nachdem die Arbeit beendet war, wurde am liegenden

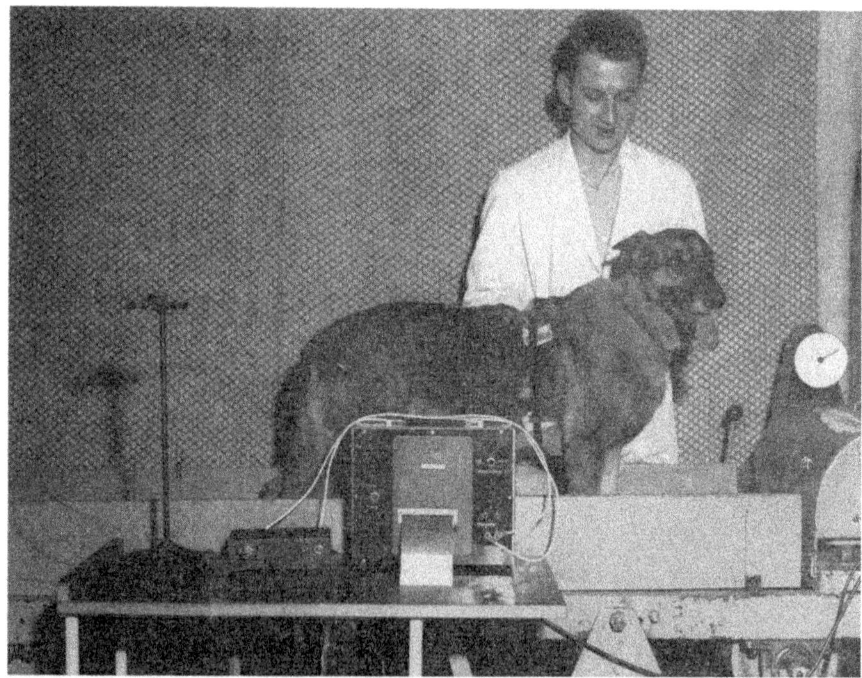

Abb. 19 Versuchshund auf der Tretbahn mit angeschnallten Elektroden
Links auf dem Tisch ist der Pulszähler, der mit einem Druckzählwerk, rechts auf dem Tisch, verbunden ist

Hund die Pulsfrequenz so lange weiter registriert, bis sie den Wert der Vorruhe wieder erreicht hatte.

2. Versuchsergebnisse

Es soll zunächst an einigen direkt gemessenen Versuchsverläufen das Verhalten der Pulsfrequenz für Hund Bello dargestellt werden. Die Abb. 20 zeigt den Verlauf der Pulsfrequenz an drei verschiedenen Tagen bei unterschiedlicher Leistung, aber gleicher Dauer, und zwar von einer Stunde. Man sieht deutlich, daß in allen Versuchen mit Beginn der Arbeit die Pulsfrequenz zunimmt, um sich in kurzer Zeit auf einen konstanten steady-state-Wert einzustellen. Die Pulsfrequenz steigt

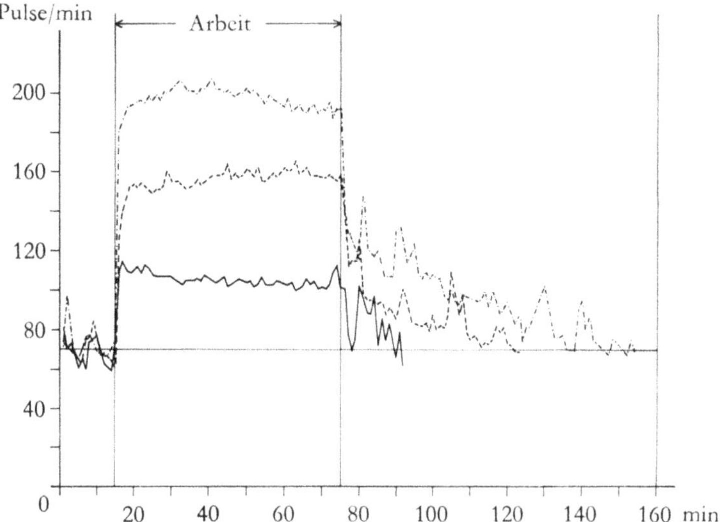

Abb. 20 Die Pulsfrequenz als Funktion der Zeit bei einer Tretbahngeschwindigkeit von 1 m/sec
——— 0° Steigungswinkel
— — — 5° Steigungswinkel
–·–·– 10° Steigungswinkel

also nicht kontinuierlich während der Arbeit weiter an, sondern behält ihre Anfangseinstellung bei. In der Erholungsphase nach der Arbeit kann man auch bei den Hunden einen deutlichen Erholungsverlauf der Pulsfrequenz abhängig von der vorher geleisteten Arbeit feststellen, den man nach dem Vorschlag von KARRASCH und E. A. MÜLLER (1951) am besten als Erholungspulssumme (EPS) meßbar macht.

Die Abb. 21 zeigt den Verlauf der Pulsfrequenz beim Bergabgehen für Steigungswinkel von — 5°, — 10° und — 15°. Die Pulsfrequenz steigt hier nicht auf so hohe Werte wie bei den positiven Steigungen an. Das ist verständlich, weil der

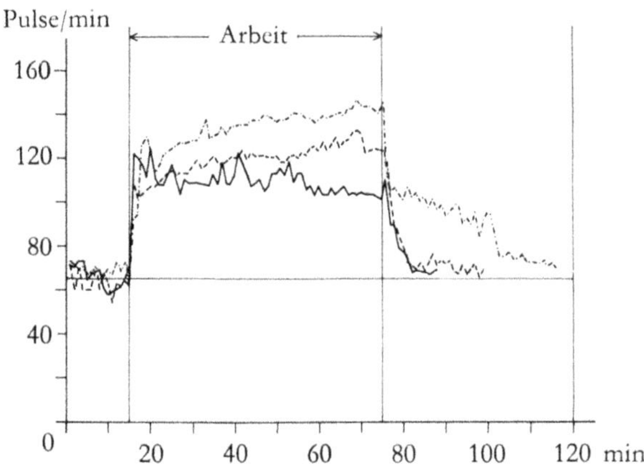

Abb. 21 Die Pulsfrequenz als Funktion der Zeit bei einer Tretbahngeschwindigkeit von 1 m/sec
——— — 5° Steigungswinkel
— — — —10° Steigungswinkel
-·-·-·- —15° Steigungswinkel

Energieumsatz hier geringer ist, wie wir schon im vorigen Abschnitt zeigen konnten. Wir konnten nicht nur bei diesen Versuchen, sondern bei allen gleichartigen Versuchen beobachten, daß bei den Steigungswinkeln von —15°, aber manchmal auch schon bei —10° die Pulsfrequenz kontinuierlich vom Beginn weiter ansteigt. Ein solcher Anstieg der Pulsfrequenz ist von E. A. MÜLLER (1961) für ermüdende Arbeit über der Dauerleistungsgrenze als »Ermüdungs-

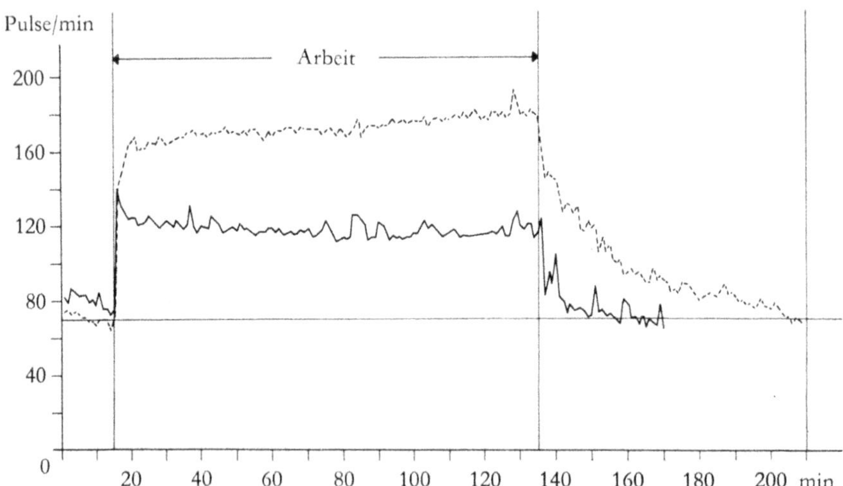

Abb. 22 Die Pulsfrequenz als Funktion der Zeit bei einer Tretbahngeschwindigkeit von 1 m/sec
——— 0° Steigungswinkel
— — — 5° Steigungswinkel

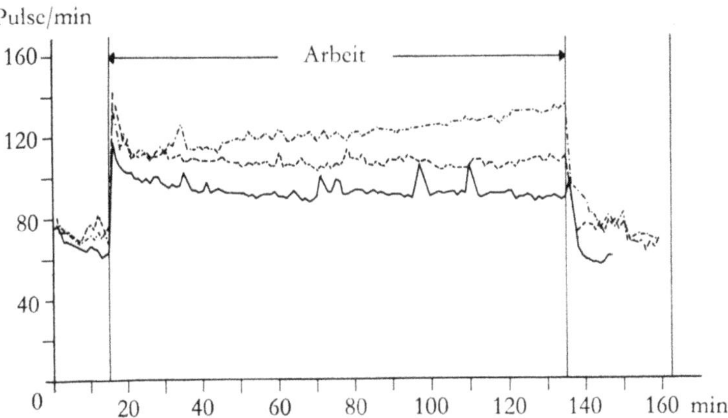

Abb. 23 Die Pulsfrequenz als Funktion der Zeit bei einer Tretbahngeschwindigkeit von 1 m/sec
——— — 5° Steigungswinkel
— — — — 10° Steigungswinkel
-·-·-·- — 15° Steigungswinkel

pulsanstieg« bezeichnet worden. Nach Rohmert (1961) tritt ein solcher Ermüdungspulsanstieg auch dann auf, wenn die Belastung eine statische Arbeitskomponente enthält, die in unseren Versuchen unter Umständen durch die Bremsarbeit in den Beinstreckern zu finden wäre. Ob ansonsten der Mechanismus hier ähnlich wie beim Menschen ist, muß dahin gestellt bleiben, weil bei der positiven Arbeit kein Ermüdungsanstieg, aber immerhin eine größere Erholungspulssumme zu finden ist.

Die Abb. 22 und 23 zeigen, wie sich die Pulsfrequenz bei einer zweistündigen Arbeit bei gleichen Tretbahnwinkeln verhält. In Abb. 22 wurde 15° Steigungswinkel nicht dargestellt, da der Hund nach 68 min Leistung erschöpft war. Die Erholungspulssumme ist bei gleicher Leistung größer als bei der einstündigen Arbeitsleistung. Bei den negativen Winkeln zeigt sich auch hier wieder deutlich der kontinuierliche Anstieg der Arbeitspulsfrequenz über die Dauer der Arbeit.

Wir haben bei den Hunden noch Leistungen von 180 min und 240 min Dauer gemessen, jedoch waren die Ergebnisse prinzipiell nicht unterschiedlich.

3. Diskussion der Versuchsergebnisse

Um zunächst einmal einen Vergleich zum Verhalten der Pulsfrequenz der Hunde und der Menschen zu gewinnen, haben wir die Pulsfrequenzdifferenz zwischen Arbeit und Ruhe (PD) im steady state zu dem im vorigen Kapitel gemesesnen Energieumsatz in Beziehung gesetzt (Abb. 24). Die Regressionsgeraden, die die einzelnen Meßpunkte verbinden, liegen für die einzelnen Hunde etwas unterschiedlich, und zwar zwischen 37 und 50 Pulsen/kcal. E. A. Müller (1961) hat für Männer bei rd. 2000 Versuchspersonen einen Leistungspulsindex (LPI)

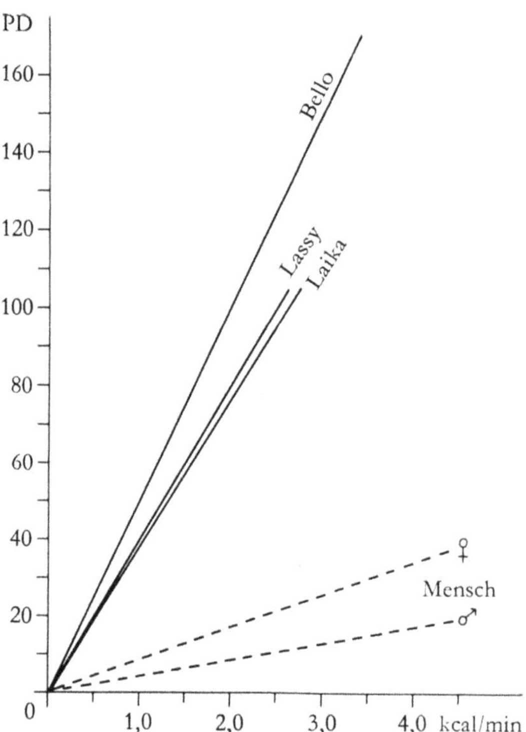

Abb. 24 Die Abhängigkeit der Pulsfrequenzdifferenz PD (Arbeit–Ruhe) als Funktion des Energieumsatzes
Die Normalwerte für den Menschen sind nach Angaben von E. A. MÜLLER berrechnet.

von 2,8 $\frac{\text{Pu} \cdot \text{sec}}{\text{min} \cdot \text{mkg}}$ ermittelt, für Frauen an einer geringeren Zahl einen LPI von 5,3 $\frac{\text{Pu} \cdot \text{sec}}{\text{min} \cdot \text{mkg}}$. Der Leistungspulsindex gibt, wie man aus der Dimension schon erkennen kann, an, um wieviel Puls/min die Pulsfrequenzdifferenz zunimmt, wenn man die Leistung um 1 mkg/sec erhöht. Da der LPI am Fahrradergometer gemessen wird, dessen Wirkungsgrad ungefähr für alle Versuchspersonen gleichmäßig $\eta = 0{,}22$ beträgt, so ergibt sich hieraus, daß umgerechnet der Normalwert der Pulsfrequenzzunahme für Männer etwa 4,5 Pulse/kcal beträgt, für Frauen etwa 8,5 Pulse/kcal.

Dieser große Unterschied der Pulsfrequenzzunahme für 1 kcal Energiemehrumsatz erklärt sich daraus, daß beim Menschen wie beim Hund für gleichen Energieumsatz die gleiche Menge Sauerstoff bei etwa gleichem Hb-Gehalt des Blutes an den Muskel herangeschafft werden muß. Die Durchblutung der arbeitenden Muskelgruppe muß aber, gleiche Ausnutzung des Blutes vorausgesetzt, gleichgroß sein. Nun ist bekanntlich das Herz des Hundes wesentlich kleiner, so daß das gleiche Minutenvolumen eben nur über eine größere Frequenzerhöhung gefördert werden kann.

Wir haben uns weiterhin mit dem Verhalten der Erholungspulssumme beschäftigt. Die Erholungspulssumme soll nach MÜLLER ein Maß für die Ermüdung des Muskels sein. Je mehr der Muskel über die Dauer der Arbeit ermüdet, um so größer soll die Erholungspulssumme sein. Nun sind Erholungspulssummen leider nicht vergleichbar, denn nach MÜLLERS Hypothese muß man annehmen, daß insbesondere drei Faktoren in die Erholungspulssumme eingehen:

1. Die individuelle Leistungsfähigkeit, weil der wenig Leistungsfähige schneller ermüdet, weshalb nach MÜLLER aus der EPS empirisch auf die Dauerleistung geschlossen werden kann: Wenn die EPS mit der Dauer der Arbeit nicht zunimmt, also nur die Kreislaufumstellung hervorgerufen wird, lag die Arbeit unterhalb der Dauerleistungsgrenze.
2. Die Menge der Muskelgruppen, die am Arbeitsumsatz beteiligt sind. Je größer das Verhältnis $\frac{\text{Umsatz}}{\text{Muskelgruppe}}$ ist, desto größer ist selbstverständlich die Ermüdung.
3. Die Arbeitsdauer. Je länger die Arbeitsdauer ist, um so mehr ermüdet der Muskel, wenn er in einem konstanten O_2-Defizit arbeitet.

Diese drei Faktoren machen einen Vergleich der EPS-Werte mit denen vom Menschen gemessenen sinnlos. Wir haben deshalb in unserer Berechnung versucht, Punkt 1, die Leistungsfähigkeit, konstant zu lassen, indem wir jeweils die Werte nur für einen Hund berechnet haben, Punkt 2 ist automatisch konstant, da es sich bei unseren Versuchen immer um Tretbahnlaufen handelt, wobei wohl immer die gleichen Muskelgruppen eingesetzt werden. Für unsere dargestellten Werte (Bello) haben wir die EPS für verschiedene Pulsfrequenzdifferenzen (als relatives Maß für den Umsatz) und verschiedene Arbeitszeiten ermittelt. Die Pulsfrequenz ist, wie wir aus Abb. 24 ersehen konnten, linear mit dem Energieumsatz korreliert. Für den untersuchten Bereich lassen sich die Beziehungen zwischen PD und Erholungspulssumme als Potenzfunktionen darstellen, deren Exponent sich mit der Arbeitszeit ändert. Dabei gehorcht die Beziehung der Gleichung:

$$EPS = 10 \frac{PD^{\text{Exp.}}}{10}$$

wobei der Exponent aus der Tabelle zu entnehmen ist.

Tabelle

Arbeitszeit [min]	Exponent
10	1,535
60	2,035
120	2,146
180	2,735

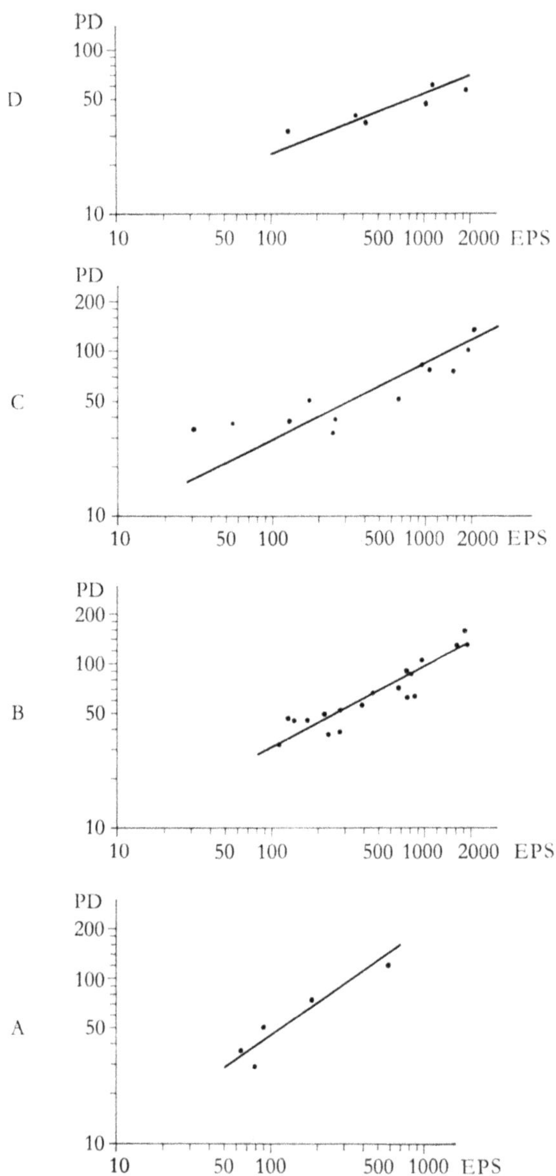

Abb. 25 Die Erholungspulssumme (EPS) als Funktion der Pulsfrequenzdifferenz PD (Arbeit–Ruhe) bei einer bestimmten Arbeitsdauer
Die Beziehung gehorcht einer Potenzfunktion

$$\mathrm{EPS} = 10\,\frac{\mathrm{PD}^{\mathrm{Exp.}}}{10}$$

A)	Arbeitsdauer	10 min	Exp. = 1,535
B)	Arbeitsdauer	60 min	Exp. = 2,035
C)	Arbeitsdauer	120 min	Exp. = 2,146
D)	Arbeitsdauer	180 min	Exp. = 2,735

Die Kurven sind in den Abb. 25 A–D dargestellt. Es läßt sich also auch für den Hund bestätigen, daß die EPS von Arbeitsdauer und Arbeitsschwere abhängig ist, also prinzipiell der Pulsfrequenzeinstellung wohl der gleiche Mechanismus wie beim Menschen zugrunde liegt.

III. Zusammenfassung

An Hunden wurde beim Tretbahnlaufen in einer großen Zahl von Einzelmessungen der Energieumsatz als Funktion der Leistung ermittelt. Die Leistung eines Hundes beim Tretbahnlaufen ist im wesentlichen durch zwei Variable, die Tretbahngeschwindigkeit und die Tretbahnneigung, gegeben. Es zeigte sich, daß der Wirkungsgrad der Muskelarbeit auch beim Hund von der Relation zwischen Kontraktionskraft und Kontraktionsgeschwindigkeit der Muskulatur abhängig ist. Gleiche physikalische Leistungen zeigen deshalb auch unterschiedliche Energieumsätze. Der Vergleich mit den von MARGARIA am Menschen bei Tretbahnarbeit gewonnenen Umsatzwerten läßt einen prinzipiell ähnlichen Verlauf erkennen. Die Hunde hatten, bezogen auf gleiches Körpergewicht, auf der Ebene einen relativ höheren bei Steigung einen relativ niedrigeren Umsatz als der Mensch.

Bei gleichen Leistungsstufen wurde eine fünf- bis zehnfach größere Pulsfrequenzerhöhung gemessen, als man sie vom Menschen kennt. Der Erholungsverlauf der Pulsfrequenz entspricht qualitativ dem des Menschen.

Dr. med. JÜRGEN STEGEMANN

IV. Literaturverzeichnis

BARGER, A. C., V. RICHARDS, J. METCALFE und B. GÜNTHER, Regulation of the circulation during exercise. Cardiac output (direct Fick) and metabolism adjustments in the normal dog. Amer. J. Physiol. 184 (1956) 613.

BOBBERT, A. C., Energy expenditure in level and grade walking. J. appl. Physiol. 15 (1960) 1015.

CAMPOS, F. A. de M., W. B. CANNON, H. LUNDIN und T. T. WALKER, Some conditions affecting the capacity for prolonged muscular work. Amer. J. Physiol. 87 (1928) 680.

DILL, D. B., H. T. EDWARDS und J. H. TALBOTT, Studies in muscular activity. VII. Factors limiting the capacity for work. J. Physiol. 77 (1932) 49.

KARRASCH, K., und E. A. MÜLLER, Das Verhalten der Pulsfrequenz in der Erholungsperiode nach körperlicher Arbeit. Arb. physiol. 14 (1951) 369.

LANG, K. und O. F. RANKE, Stoffwechsel und Ernährung. Springer-Verlag, Berlin 1950.

LEHMANN, G., Das Gesetz der Stoffwechselreduktion und seine Bedeutung. Kückenthal's Handbuch der Zoologie 8 (1955) 1.

MARGARIA, R., Sulla fisiologia e specialmente sul energetico della marcia e della corsa a varie velocità ed inclinazioni del terreno. Reale Accademia Nazionale dei Lincei 8 (1938) 299.

MÜLLER, E. A., Die energetischen Optimalbedingungen der senkrecht-abwärts gerichteten Zugbewegung. Arb. physiol. 3 (1930) 477.

Ders., Energieumsatz und Pulsfrequenz bei negativer Muskelarbeit. Arb. physiol. 15 (1953) 196.

Ders., Die physische Ermüdung. Handbuch der gesamten Arbeitsmedizin 1, Urban & Schwarzenberg 1961.

ROHMERT, W., Untersuchungen statischer Haltearbeiten in achtstündigen Arbeitsversuchen. Int. Z. angew. Physiol. einschl. Arbphysiol. 19 (1961) 35.

STEGEMANN, J., Zum Mechanismus der Pulsfrequenzeinstellung durch den Stoffwechsel. IV Mitteilungen. Pflügers. Arch. 276 (1963) 481.

YOUNG, D. R., R. MOSHER, P. ERVE und H. SPECTOR, Energy metabolism and gasexchange during treadmill running in dogs. J. appl. Physiol. 14 (1959) 834.

FORSCHUNGSBERICHTE DES LANDES NORDRHEIN-WESTFALEN

Herausgegeben im Auftrage des Ministerpräsidenten Dr. Franz Meyers von Staatssekretär Prof. Dr. h. c. Dr.-Ing. E. h. Leo Brandt

ARBEITSWISSENSCHAFT

HEFT 4
Prof. Dr. E. A. Müller und Dipl.-Ing. H. Spitzer, Dortmund
Untersuchungen über die Hitzebelastung in Hüttenbetrieben
1952, 28 Seiten, 5 Abb., 1 Tabelle, DM 9,—

HEFT 76
Max-Planck-Institut für Arbeitsphysiologie, Dortmund
Arbeitstechnische und arbeitsphysiologische Rationalisierung von Mauersteinen
1954, 52 Seiten, 12 Abb., 3 Tabellen, DM 10,20

HEFT 113
Prof. Dr. O. Graf, Dortmund
Erforschung der geistigen Ermüdung und nervösen Belastung: Studien über die vegetative 24-Stunden-Rhythmik in Ruhe und unter Belastung
1955, 40 Seiten, 12 Abb., DM 8,20

HEFT 114
Prof. Dr. O. Graf, Dortmund
Studien über Fließarbeitsprobleme an einer praxisnahen Experimentieranlage
1954, 34 Seiten, 6 Abb., DM 7,—

HEFT 115
Prof. Dr. O. Graf, Dortmund
Studium über Arbeitspausen in Betrieben bei freier und zeitgebundener Arbeit (Fließarbeit) und ihre Auswirkung auf die Leistungsfähigkeit
1955, 50 Seiten, 13 Abb., 2 Tabellen, DM 9,80

HEFT 118
Prof. Dr. E. A. Müller und Dr. H. G. Wenzel, Dortmund
Neuartige Klima-Anlage zur Erzeugung ungleicher Luft- und Strahlungstemperaturen in einem Versuchsraum
1955, 68 Seiten, 10 z. T. mehrfarb. Abb., DM 14,—

HEFT 126
Prof. Dr.-Ing. J. Mathieu, Aachen
Arbeitszeitvergleich
Grundlagen, Methodik und praktische Durchführung
1955, 70 Seiten, DM 13,—

HEFT 129
Prof. Dr.-Ing. J. Mathieu und Dr. C. A. Roos, Aachen
Die Anlernung von Industriearbeitern
I. Ergebnisse einer grundsätzlichen Untersuchung der gegenwärtigen Industriearbeiter-Kurzanlernung
1955, 106 Seiten, DM 19,70

HEFT 130
Prof. Dr.-Ing. J. Mathieu und Dr. C. A. Roos, Aachen
Die Anlernung von Industriearbeitern
II. Beiträge zur Methodenfrage der Kurzanlernung
1955, 108 Seiten, DM 19,90

HEFT 253
Dipl.-Ing. S. Schirmanski, Berghausen
Stand und Auswertung der Forschungsarbeiten über Temperatur- und Feuchtigkeitsgrenzen bei der bergmännischen Arbeit
1957, 70 Seiten, 24 Abb., 12 Tabellen, DM 17,10

HEFT 257
Prof. Dr. G. Lehmann und Dr. J. Tamm, Dortmund
Die Beeinflussung vegetativer Funktionen des Menschen durch Geräusche
1956, 38 Seiten, 25 Abb., 3 Tabellen, DM 11,20

HEFT 359
Dr.-Ing. F. J. Meister, Düsseldorf
Veränderung der Hörschärfe, Lautheitsempfindung und Sprachaufnahme während des Arbeitsprozesses bei Lärmarbeiten
1957, 84 Seiten, 11 Abb., 40 Audiogramme, 41 Tabellen, DM 19,90

HEFT 362
Prof. Dr. med. G. Lehmann und Dipl.-Phys. D. Dieckmann, Dortmund
Die Wirkung mechanischer Schwingungen (0,5 bis 100 Hertz) auf den Menschen
1957, 100 Seiten, 53 Abb., 6 Tabellen, DM 22,50

HEFT 371
Dr. phil. W. Lejeune, Köln
Beitrag zur statistischen Verifikation der Minderheiten-Theorie
1958, 66 Seiten, 14 Abb., DM 17,90

HEFT 466
Prof. Dr.-Ing. J. Mathieu, Aachen
Überbetrieblicher Verfahrensvergleich
1958, 70 Seiten, 16 Abb., DM 16,65

HEFT 480
Dr. phil. K. Brücker-Steinkuhl, Düsseldorf
Anwendung mathematisch-statistischer Verfahren bei der Fabrikationsüberwachung
1958, 94 Seiten, 23 Abb., DM 23,80

HEFT 517
Prof. Dr. med. G. Lehmann und
Dr. med. J. Meyer-Delius, Dortmund
Gefäßreaktionen der Körperperipherie bei Schalleinwirkung
1958, 24 Seiten, 12 Abb., 2 Tabellen, DM 9,15

HEFT 529
Dr. phil. G. Riedel, Dortmund
Messung und Regelung des Klimazustandes durch eine die Erträglichkeit für den Menschen anzeigende Klimasonde
1958, 78 Seiten, 35 Abb., DM 17,95

HEFT 530
Prof. Dr. med. O. Graf, Dortmund
Nervöse Belastung im Betrieb. I. Teil: Nachtarbeit und nervöse Belastung
1958, 52 Seiten, 10 Abb., DM 15,60

HEFT 558
Dr. phil. C. A. Roos, Aachen
Menschlich bedingte Fehlleistungen im Betrieb und Möglichkeiten ihrer Verringerung
1958, 94 Seiten, DM 24,20

HEFT 582
Dr. phil. C. A. Roos, Aachen
Arbeitsleistung und Arbeitsgüte
1958, 62 Seiten, DM 17,—

HEFT 584
G. Kroebel, Düsseldorf
Maßnahmen der Nachwuchs- und Talentförderung im Deutschen Gewerkschaftsbund
1958, 58 Seiten, DM 16,35

HEFT 585
Dr. phil. habil. M. Simoneit, Köln
Gedanken und Vorschläge zur Auslese technischer Talente
1958, 44 Seiten, DM 13,85

HEFT 593
Dr. phil. C. A. Roos, Aachen
Berufseignung und Berufseinsatz. I. Teil
1958, 64 Seiten, DM 18,20

HEFT 611
Dr. R. Schairer, Köln
Aufgaben der Talentförderung
1958, 76 Seiten, DM 20,80

HEFT 612
Dr. jur. H. Bauer, Köln
Der Betrieb als Bildungsfaktor
1958, 112 Seiten, DM 26,40

HEFT 613
Prof. Dr. phil. habil. E. Graeser, Göttingen
Vergleichende Studien über die Art, die Bedeutung und den Erfolg der Ausbildung von Ingenieuren, Mathematikern und Naturwissenschaftlern in der sogenannten Deutschen Demokratischen Republik und in der Bundesrepublik
1958, 44 Seiten, DM 13,80

HEFT 619
Prof. Dr. med. O. Graf und
Dr. med. Dr. phil. J. Rutenfranz, Dortmund
Zur Frage der Belastung von Jugendlichen
1958, 66 Seiten, 18 Abb., 12 Tabellen, DM 16,50

HEFT 623
Prof. Dr.-Ing. J. Mathieu und
Dr. phil. C. A. Roos, Aachen
Berufseignung und Berufseinsatz. II. Teil
1958, 68 Seiten, 6 Abb., DM 17,—

HEFT 631
Dr. E. Wedekind, Krefeld
Der Einfluß der Automatisierung auf die Struktur der Maschinen und Arbeiterzeiten am mehrstelligen Arbeitsplatz in der Textilindustrie
1958, 86 Seiten, 34 Abb., DM 21,10

HEFT 636
Dr. phil. S. Barlen, Aachen
Richtwerte für Zeitaufwand und Kosten von Dokumentationsarbeiten
1958, 68 Seiten, DM 16,20

HEFT 637
Prof. Dr.-Ing. J. Mathieu und
Dr. phil. C. A. Roos, Aachen
Berufsnachwuchspolitische Anschauungen und Bestrebungen von Lehrfirmen in Industrie und Handel
1958, 38 Seiten, DM 10,20

HEFT 641
Prof. Dr.-Ing. J. Mathieu und
Dr. phil. M. Gnielinski, Aachen
Die industrielle Produktivität in neuerer Sicht
1958, 132 Seiten, 16 Abb., 31 Tabellen, DM 31,70

HEFT 646
Prof. Dr.-Ing. J. Mathieu und
Dr. phil. C. A. Roos, Aachen
Die industrielle Facharbeiterausbildung und Vorschläge für ihre Verbesserung
1959, 102 Seiten, 10 Abb., 4 Tabellen, DM 25,60

HEFT 650
Dr. phil. nat. H. A. Elsner, Aachen
Aufbau einer Fachdokumentation aus vorhandenen Referatdiensten
1958, 36 Seiten, 1 Abb., 2 Tabellen, DM 12,10

HEFT 677
Dr. sc. agr. F. Riemann, Dipl.-Volksw. R. Hengstenberg und Dipl.-Ldw. G. Bunge, Göttingen
Der ländliche Raum als Standort industrieller Fertigung
1959, 196 Seiten, und viele Tabellen, DM 46,40

HEFT 715
Dr. E. Wedekind, Krefeld
Die Auftragsplanung und Arbeitsorganisation in gewerblichen Wäschereien
1959, 116 Seiten, 25 Abb., DM 29,50

HEFT 721
F. E. Nord, Köln
Der Stifterverband für die Deutsche Wissenschaft und die Begabtenförderung an den wissenschaftlichen Hochschulen
1959, 30 Seiten, DM 8,40

HEFT 758
Prof. A. P. Sanchez-Concha, Ph. D., LL. D., Aachen
Über den Begriff der industriellen Arbeit
1959, 16 Seiten, DM 5,40

HEFT 768
Prof. Dr. E. A. Müller und Dipl.-Ing. W. Rohmert, Dortmund
Erholungszuschläge bei Arbeitswechsel
1959, 20 Seiten, 6 Abb., 5 Tabellen, DM 6,50

HEFT 793
Dipl.-Ing. Walter Rohmert, Dortmund
Statische Belastung bei gewerblicher Arbeit
Teil II
Dr. med. Dr. phil. Gerd Jansen, Dortmund
Grundsätzliche Bemerkungen über die experimentelle Lärmforschung
1959, 76 Seiten, DM 22,40

HEFT 808
Dr. H.-G. Bartenwerfer, Marburg
Beiträge zum Problem der psychischen Beanspruchung. I. Teil: Untersuchungen zu den Grundfragen und zur Erfassung der psychischen Beanspruchung in der Industrie
1960, 94 Seiten, DM 23,60

HEFT 822
Dr. rer. nat. H. Schmidtke und Dr.-Ing. F. Stier, Dortmund
Der Aufbau komplexer Bewegungsabläufe aus Elementarbewegungen
1960, 77 Seiten, 34 Abb., 4 Tabellen, DM 21,60

HEFT 826
Wäschereiforschung Krefeld e. V.
Arbeitszeitstudien an Haushaltsbottichwaschmaschinen gleicher Art und Größe mit verschiedener Ausstattung
1960, 37 Seiten, 10 Abb., 4 Tabellen, DM 12,20

HEFT 827
Dr.-Ing. E. Sattler, Verband Deutscher Streichgarnspinner, Düsseldorf
Disposition mit Arbeitsvorbereitung und Vertriebsvorbereitung in der einstufigen (Verkaufs-) Streichgarnspinnerei
1960, 60 Seiten, DM 15,90

HEFT 828
C. Brzeskiewicz, Verband der Deutschen Tuch- und Kleiderstoffindustrie e. V., Köln, im Verein mit dem Ausschuß für wirtschaftliche Fertigung e. V., Düsseldorf
Disposition mit Arbeitsvorbereitung und Vertriebsvorbereitung in der Tuch- und Kleiderstoffindustrie
1960, 67 Seiten, 8 Anlagen, DM 17,90

HEFT 837
Dr. rer. nat. H. Schmidtke und
Dr. phil. H. Schmale, Dortmund
Untersuchungen über die Sehanforderungen in der Präzisionsindustrie
1960, 107 Seiten, 36 Abb., 12 Tabellen, 22 Übersichten, DM 28,90

HEFT 854
Prof. Dr.-Ing. habil. J. Mathieu, Aachen
Beitrag zur Verbesserung der Arbeitswirksamkeit in Konstruktionsbüros
1960, 63 Seiten, 14 Abb., DM 17,10

HEFT 875
Prof. Dr.-Ing. habil. J. Mathieu, u. a., Aachen
Untersuchungen zur Verbesserung und Rationalisierung der Arbeit am Reißbrett
1960, 62 Seiten, 13 Abb., 2 Tabellen, DM 17,70

HEFT 938
Dr.-Ing. Walter Rohmert, Max-Planck-Institut für Arbeitsphysiologie, Dortmund
Die Grundlagen der Beurteilung statischer Arbeit
1960, 34 Seiten, 9 Abb., 1 Tabelle, DM 10,50

HEFT 941
Dr. rer. nat. Heinz Schmidtke, Max-Planck-Institut für Arbeitsphysiologie, Dortmund
Untersuchungen über die Abhängigkeit der Bewegungsgenauigkeit im Raum von der Körperstellung
1961, 76 Seiten, 26 Abb., 8 Tabellen, DM 21,70

HEFT 1019
Dr. med. habil. Kt. Herzog, Krefeld
Zur Methodik der fortlaufenden graphischen Registrierung von Bewegungen der Gliedmaßengelenke des Menschen
1961, 60 Seiten, 26 Abb., DM 19,—

HEFT 1031
Prof. Dr. med. E. A. Müller, Max-Planck-Institut für Arbeitsphysiologie, Dortmund
Die Messung der körperlichen Leistungsfähigkeit mit einem einzigen Prüfverfahren
1961, 30 Seiten, 5 Abb., 2 Tabellen, DM 10,80

HEFT 1052

Prof. Dr.-Ing. J. Mathieu, Dr. rer. nat. K. Behnert und Dipl.-Ing. J. H. Jung, Forschungsinstitut für Rationalisierung an der Technischen Hochschule, Aachen

Mathematisch-organisatorische Studie zur Planung der Kapazität von Betriebsanlagen

1961, 62 Seiten, DM 20,60

HEFT 1073

Prof. Dr.-Ing. J. Mathieu, Dr. rer. pol. R. A. Schmitz und Dipl.-Kfm. P. Müller-Giebeler, Forschungsinstitut für Rationalisierung an der Rhein.-Westf. Technischen Hochschule Aachen

Untersuchungen über methodische Grundlagen und Anwendbarkeit von Vertriebskosten-Vergleichen

1962, 79 Seiten, 5 Tabellen, zahlr. Anl., DM 39.—

HEFT 1111

Prof. Dr.-Ing. J. Mathieu und Dr.-Ing. W. Zimmermann, Institut für Arbeitswissenschaft der Rhein.-Westf. Technischen Hochschule Aachen

Bestimmung des optimalen Produktionsprogrammes in Industriebetrieben

HEFT 1112

Prof. Dr.-Ing. Joseph Mathieu, Dipl.-Ing. Alfred Schnadt, Dipl.-Ing. Hans Schönefeld und Dr.-Ing. Werner Zimmermann, Institut für Arbeitswissenschaft der Rhein.-Westf. Technischen Hochschule Aachen

Beschäftigung und Ausbildung technischer Führungskräfte

1962, 108 Seiten, 2 Abb., 69 Tabellen, DM 49,50

HEFT 1131

Dr. Hansgeorg Bartenwerfer, Dr. Ludwig Kötter und Dr. Wilhelm Sickel, Institut für Psychologie der Universität Marburg

Beiträge zum Problem der psychischen Beanspruchung. II. Teil: Verfahren zur graduellen Beurteilung der psychischen Beanspruchung in der Industrie

HEFT 1178

Dr. med. Jürgen Stegemann, Max-Planck-Institut für Arbeitsphysiologie, Dortmund

Energieumsatz, Wirkungsgrad und Pulsfrequenzverhalten des Hundes beim Laufen auf der Tretbahn im Vergleich zu den entsprechenden Daten des Menschen

HEFT 1180

Prof. Dr.-Ing. Joseph Mathieu und Dipl.-Ing. Siegfried Lehmann, Institut für Arbeitswissenschaft der Rhein.-Westf. Technischen Hochschule Aachen

Eigenarten der industriellen Mehrstellenarbeit

In Vorbereitung

HEFT 1185

Dr. Herbert Scholz, Max-Planck-Institut für Arbeitsphysiologie, Dortmuud

Die physische Arbeitsbelastung der Gießereiarbeiter

In Vorbereitung

HEFT 1211

Dr. Chem. Friedhelm Kistermann, Forschungsinstitut für Rationalisierung an der Rheinisch.-Westf. Technischen Hochschule Aachen

Untersuchungen zur Wirtschaftlichkeit verschiedener Selektionsverfahren in der Dokumentation

In Vorbereitung

HEFT 1215

Prof. Dr.-Ing. Joseph Mathieu und Dr. phil. Carl Alexander Roos,

Institut für Arbeitswissenschaft der Technischen Hochschule Aachen

Berufswirklichkeit, Berufserziehung und Facharbeiterausbildung in der Industrie und speziell in den eisenverarbeitenden Industriezweigen

In Vorbereitung

HEFT 1227

Prof. Dr.-Ing. Joseph Mathieu und Dr.-Ing. W. Frenz, Forschungsinstitut für Rationalisierung an der Rhein.-Westf. Technischen Hochschule Aachen

Untersuchungen zur Arbeitseinteilung in kontinuierlich arbeitenden Betrieben

In Vorbereitung

HEFT 1229

Dr.-Ing. Georg Ringenberg, Wetzlar

Ein Beitrag zur Beurteilung von Großzahlerscheinungen in der Arbeitswissenschaft mit Hilfe quantitativer Methoden

In Vorbereitung

HEFT 1230

Dr.-Ing. Mostafa Hamdy Ahmed Hamdy, Cairo/VAR

Beitrag zur Kritik der Verfahren vorbestimmter Zeiten

In Vorbereitung

HEFT 1259

Priv.-Doz. Dr. med. Dr. phil. Joseph Rutenfranz und Prof. Dr. med. Otto Graf, Max-Planck-Institut für Arbeitsphysiologie Dortmund

Zur Frage der zeitlichen Belastung von Lehrkräften

In Vorbereitung

HEFT 1260

Dr. med. W. Sieber, Max-Planck-Institut für Arbeitsphysiologie Dortmund

Die Bedeutung der Mechanisierung von Gewinnung, Ausbau und Versatz für die körperliche Belastung des Bergmannes im Steinkohlenbergbau

In Vorbereitung

HEFT 1261

Dr. phil. Hugo Schmale, Prof. Dr. rer. nat. Heinz Schmidtke und Dr. phil. Adolf Vukovich, Max-Planck-Institut für Arbeitsphysiologie Dortmund

Untersuchungen über den Grad der subjektiv gegebenen Beanspruchung bei körperlicher Arbeit

In Vorbereitung

HEFT 1265

Dr.-Ing. Fulvio Fonzi, Institut für Arbeitswissenschaft der Rhein.-Westf. Technischen Hochschule Aachen

Direktor: Prof. Dr.-Ing. Joseph Mathieu

Beitrag zur Anwendung mathematischer Methoden für wirtschaftlichere Gestaltung der Fertigung

In Vorbereitung

HEFT 1266

Prof. Dr.-Ing. Joseph Mathieu und Dr.-Ing. J. H. Jung, Forschungsinstitut für Rationalisierung an der Rhein.-Westf. Technischen Hochschule Aachen

Rechenprogramm und Beispielrechnung zur Planung der Maschinenbelegung in einer Fertigungsstufe

In Vorbereitung

HEFT 1269

Dipl.-Ing. K. H. Eberhard Kroemer, Max-Planck-Institut für Arbeitsphysiologie Dortmund

Direktor: Prof. G. Lehmann

Bedienteile an Handpressen und anderen Werkzeugmaschinen

In Vorbereitung

Ein Gesamtverzeichnis der Forschungsberichte, die folgende Gebiete umfassen, kann bei Bedarf vom Verlag angefordert werden:

Acetylen/Schweißtechnik – Arbeitswissenschaft – Bau/Steine/Erden – Bauwirtschaft – Bergbau – Biologie – Chemie – Eisenverarbeitende Industrie – Elektrotechnik/Optik – Energiewirtschaft – Fahrzeugbau/Gasmotoren – Farbe/Papier/Photographie – Fertigung – Funktechnik/Astronomie – Gaswirtschaft – Holzbearbeitung – Hüttenwesen/Werkstoffkunde – Kunststoffe – Luftfahrt/Flugwissenschaften – Luftreinhaltung – Maschinenbau – Mathematik – Medizin/Pharmakologie/NE-Metalle – Physik – Rationalisierung – Schall/Ultraschall – Schiffahrt – Textiltechnik/Faserforschung/Wäschereiforschung – Turbinen – Verkehr – Wirtschaftswissenschaft.

WESTDEUTSCHER VERLAG · KÖLN UND OPLADEN

567 Opladen/Rhld., Ophovener Straße 1-3

GPSR Compliance
The European Union's (EU) General Product Safety Regulation (GPSR) is a set of rules that requires consumer products to be safe and our obligations to ensure this.

If you have any concerns about our products, you can contact us on

ProductSafety@springernature.com

In case Publisher is established outside the EU, the EU authorized representative is:

Springer Nature Customer Service Center GmbH
Europaplatz 3
69115 Heidelberg, Germany

www.ingramcontent.com/pod-product-compliance
Ingram Content Group UK Ltd.
Pitfield, Milton Keynes, MK11 3LW, UK
UKHW061657190726
13853UKWH00008B/2266

* 9 7 8 3 6 6 3 0 6 2 8 1 3 *